ТЕОРИЯ ИГР

Искусство стратегического мышления

PRISONER'S DILEMMA

	B Betrays	B Stays silent
A Betrays	Each serves 2 years	A = free B = 3 years
A Stays silent	A = 3 years B = free	Each serves 1 year

ТЕОРИЯ ИГР

Искусство стратегического мышления

написанный Jean Blaise Mimbang
в переводе Nastia Abramov

50MINUTES.com

ТЕОРИЯ ИГР

КЛЮЧЕВАЯ ИНФОРМАЦИЯ

- **Имена:** Теория игр, теория стратегического поведения, теория интерактивных решений.

- **Применение:** Обоснование социальных законов и норм для поддержания сотрудничества в группе; принятие политических решений; понимание соотношения сил в переговорах; инструмент анализа конфликтов; инструмент для создания доверия в группе; применение в логике и теории множеств; применение в экономике, биологии, информатике и теории эволюции.

- **Причины ее эффективности:** Теория игр — отличный инструмент для переговоров, поскольку она побуждает нас задуматься о сложности социальных взаимодействий и показывает, что:

  - люди, компании и страны взаимозависимы;

  - взаимодействие полезно для решения общих проблем;

  - сотрудничество нелегко осуществить;

  - в некоторых случаях, когда каждый человек действует в своих собственных интересах, общий интерес может быть не достигнут;

  - существуют различные способы стратегического выбора в ситуации сотрудничества.

- **Ключевые слова:**

  - <u>Взаимодействие</u>: коллективное действие, при котором игрок выполняет действие или принимает решение, на которое влияет другой игрок.

  - <u>Стратегия</u>: полное описание поведения игрока в любой ситуации, в которой он должен играть.

- **Ключевые слова:**

  - <u>Взаимодействие</u>: коллективное действие, при котором игрок выполняет действие или принимает решение, на которое влияет другой игрок.

  - <u>Стратегия</u>: полное описание поведения игрока в любой ситуации, в которой он должен играть.

ВВЕДЕНИЕ

Каждый день все агенты (животные, физические и юридические лица или экономические агенты, включая политиков, потребителей, работодателей и производителей) и сообщества (спортивные команды, страны, армии и т.д.) взаимодействуют друг с другом при принятии решений. Это взаимодействие может варьироваться от сотрудничества до конфликта.

Область теории игр очень широка, и ее применение можно найти в таких разных областях, как международные отношения, экономика, политология, философия, история и др. Эта теория разрабатывает инструменты для анализа поведения (экономического, социального и т.д.) в форме стратегических игр.

История

Первые анализы стратегических игр относятся к эпохе Возрождения. Однако только в XIX и XX веках теория игры была действительно формализована. К теоретикам игр той эпохи относятся, в частности, математики и экономисты Антуан Огюстен Курно, Эмиль Борель, Джон фон Нейман, Оскар Моргенштерн и Джон Форбс Нэш, чей вклад будет более подробно рассмотрен в следующем разделе.

👁 ПОЛЕЗНО ЗНАТЬ: ЭПОХА ВОЗРОЖДЕНИЯ

Это было европейское движение, продолжавшееся с позднего средневековья до раннего нового времени.

Оно характеризовалось изменением менталитета в литературной, художественной и научной сферах, а также циркуляцией знаний среди ученых. Ренессанс начался в Италии и распространился по всей Европе начиная с XVI века.

Определение модели

Теория игр изучает последствия стратегического взаимодействия между рациональными агентами (игроками), преследующими свои собственные уникальные цели в четко определенных рамках. Эти взаимодействия включают переговоры, конкуренцию, взаимопомощь, предоставление товара или услуги, а также другие возможные действия, которые приводят к результату. Результат приводит к выплате вознаграждения, положительного или отрицательного, для каждого человека, принявшего участие в игре.

Цель этой теории — показать, что отдельные люди, компании и даже страны взаимозависимы, и в их интересах найти баланс, чтобы их взаимодействие было выгодным для всех. Эта теория также побуждает нас осознать, что даже если сотрудничество дается нелегко, лучше понять его, чем бороться с ним.

ТЕОРИЯ

ТЕОРИЯ ИГР И ЕЕ ФИЛОСОФЫ

Зачатки теории игр, строго говоря, можно найти в работах математиков первой половины [19] века.

Антуан Огюстен Курно

Первым, кто изучил стратегические аспекты взаимодействия между экономическими агентами, был Антуан Огюстен Курно (французский математик, философ и экономист, 1801-1877). Его книга *"Исследования математических принципов теории богатства"*, написанная в 1838 году, содержит зачатки теории игр, которая впоследствии была развита в 1950-х годах. Он анализирует различные формы конкуренции в дуополии (рынок с двумя конкурирующими продавцами) и в специфическом контексте равновесия Нэша (между производителями), для которого он дает первые формулировки.

👁 ПОЛЕЗНО ЗНАТЬ: *ИССЛЕДОВАНИЯ МАТЕМАТИЧЕСКИХ ПРИНЦИПОВ ТЕОРИИ БОГАТСТВА, 1838 г.*

Хотя при первой публикации эта книга была полностью проигнорирована, она вышла из безвестности благодаря работе Джона Форбса Нэша (американский экономист и математик, 1928-2015) по теории повторяющихся игр в 1950 году. Сегодня конкуренция Курно является моделью, основанной на анализе несовершенной конкуренции в промышленной экономике.

Фрэнсис Исидро Эджворт

В то время как Курно анализировал стратегические взаимодействия между двумя производственными компаниями, англо-ирландский экономист и юрист Фрэнсис Исидро Эджворт (1845-1926) расширил эти рассуждения и применил модель к случаям экономики без производства. В книге *"Математическая физика: An Essay on the Application of Mathematics to the Moral Sciences"* (1881) он разработал инструмент для представления взаимодействия между двумя непроизводительными экономическими агентами: ящик Эджворта. Эта книга ознаменовала собой введение математики в экономику.

 ПОЛЕЗНО ЗНАТЬ: КОРОБКА EDGEWORTH

Это поле позволяет пользователям проанализировать возможности распределения ресурсов между двумя организациями и проверить, является ли это распределение идеальным в соответствии с принципом оптимальности по Парето, т.е. можно ли улучшить положение одного агента без ущерба для другого.

Эрнст Фридрих Фердинанд Цермело

Современная литература по теории игр полностью признает, что первая формальная теорема теории игр была получена Эрнстом Фридрихом Фердинандом Цермело (немецкий математик, 1871-1953) в 1913 году. Эта теорема была воспринята многими авторами и интерпретирована по-разному. Версия Маса Колелла и др. от 1995 года, по сути, гласит, что в любой совершенной информационной (каждый игрок знает все стратегии и функции вознаграждения всех других игроков) фиксированной игре (где количество раундов известно заранее) существует равновесие, которое позже станет известно как равновесие Нэша.

Равновесие Нэша состоит из чистых стратегий – последовательностей действий, которые, как известно, игрок выбирает каждый раз, когда он, скорее всего, будет играть – и получается методом обратной индукции. Это предполагает определение оптимальных стратегий игроков в последнем раунде игры. Другими словами, мы рассуждаем, возвращаясь от последнего раунда игры к первому, определяя оптимальные стратегии игроков на каждом этапе игры. Эта концепция будет проиллюстрирована позже.

Эмиль Борель

В то время как все предыдущие работы позволяли решать простые игры (то есть игры с чистыми стратегиями), вклад французского математика Эмиля Бореля (1871-1956) знаменует собой поворотный момент в теории игр, начиная с 1921 года. В четвертом томе своей книги *"Договор о вычислении вероятностей и его приложения"* (1924-1934) автор представляет вероятности в азартных играх и рекомендует теорему минимакса для игр с нулевой суммой, где выигрыш для одного игрока означает проигрыш для другого. В этой же книге автор проводит различие между двумя различными категориями азартных игр:

- К первой относятся игры, в которых личность игрока и его уровень мастерства не играют роли.

- Вторая соответствует играм, в которых влияние оказывают как удача, так и навыки игрока. Эта категория имеет сходство с экономическими явлениями.

ПОЛЕЗНО ЗНАТЬ: ТЕОРЕМА МИНИМАКСА, ИЛИ ФУНДАМЕНТАЛЬНАЯ ТЕОРЕМА ТЕОРИИ ИГР ДЛЯ ДВУХ ИГРОКОВ

Эта теорема была изложена Эмилем Борелем в 1921 году, но первое полное доказательство было получено лишь несколько лет спустя (1928 год) американским математиком Джоном фон Нейманом. Борель заявил, что в некооперативной игре (игре, в которой все стратегические варианты, доступные игрокам, определены) между двумя игроками, с совершенной информацией, с заданным числом чистых стратегий и с нулевой суммой (выигрыш одного человека равен проигрышу другого), существует, по крайней мере, равновесие, при котором ни один из игроков не имеет стимула отклоняться от своей смешанной стратегии (вероятностного распределения чистых стратегий игрока).

Эта теорема очень важна для теории игр, поскольку она обеспечивает рациональный метод принятия одновременных решений в условиях конкуренции (игра с нулевой суммой).

Джон фон Нейман и Оскар Моргенштерн

Теория игр действительно возникла как полноценная дисциплина в 1944 году под влиянием американского математика Джона фон Неймана (1903-1957) и немецкого экономиста Оскара Моргенштерна (1902-1977). Вместе они написали книгу *"Теория игр и экономического поведения"*, которая способствовала впечатляющему развитию этой дисциплины, особенно в отношении человеческого поведения. В этой книге авторы предложили равновесное решение для частного случая игры с нулевой суммой. Например, шахматы — это игра, в которой участвуют два игрока и отличительной особенностью которой является то, что выигрыш одного игрока соответствует проигрышу другого.

Джон Форбс Нэш и его преемники

Работа американского экономиста и математика Джона Форбса Нэша укрепила фундамент теории игр в 1950 году. Он предложил равновесное решение для игр с ненулевой суммой. Для этого он основывал свои идеи на работе Курно 1838 года и разработал некооперативную теорию равновесия для игр с переменной суммой. Эта теория обобщила решение, предложенное в 1944 году фон Нейманом и Моргенштерном.

В 1965 году немецкий экономист Райнхард Селтен (1930-2016) внес свой вклад в эту область, введя понятие субигрового совершенного равновесия.

Венгерско-американский экономист Джон Чарльз Харшаньи (1920-2000) внес значительный вклад в теорию игр своим подробным анализом игр с неполной информацией, известных как байесовские игры. Он также популяризировал теоретическую концепцию равновесия Нэша в своей объемной статье, опубликованной в 1967 году.

Наконец, канадский математик Дональд Брюс Гиллис (1928-1975) систематизировал общее равновесие, взяв за отправную точку ящик Эджворта.

 ПОЛЕЗНО ЗНАТЬ: РАВНОВЕСИЕ НЭША

Равновесие Нэша – это равновесная ситуация, в которой ни один игрок не заинтересован в изменении своей собственной стратегии с учетом стратегии другого игрока.

С 1970-х и 1980-х годов теория игр пережила значительное развитие в области математики. В настоящее время она является отраслью как экономики, так и математики, хотя, как уже упоминалось выше, она также может быть применена к ряду социальных, медицинских, политических и экономических проблем.

В доказательство важности этой дисциплины несколько теоретиков игр в последние годы были удостоены Нобелевской премии по экономическим наукам:

- Джон Чарльз Харсаньи, Джон Форбс Нэш и Рейнхард Селтен в 1994 году;

- Американский экономист Томас Шеллинг (1921-2016) и израильский экономист Роберт Ауманн (родился в 1930 году) в 2005 году;

- Американские экономисты Ллойд Шэпли (1923-2016) и Элвин Э. Рот (родился в 1951 году) в 2012 году.

ПРЕЗЕНТАЦИЯ ТЕОРИИ ИГР

Гипотезы, подтверждающие теорию игр, следующие:

- рациональность агентов (игроков), которая побуждает их к достижению наилучшего возможного решения для себя, измеряется тем, что называется полезностью;

- каждый игрок знает все стратегии и функции вознаграждения всех других игроков (полная информация);

- все участники принимают наилучшие для себя решения с целью максимизации своей полезности (в случае с физическими лицами) или прибыли (в случае с предприятиями), зная, что другие делают то же самое;

- выбор, сделанный в прошлом, известен всем участникам.

Игровые формальности

Стратегическая игра характеризуется набором игровых правил, которые определяют:

- Игроки.

- Стратегии (действия или решения).

- Последовательность решений (ход игры).

- Выплаты или полезность игроков (в зависимости от их стратегий). Полезность — это не мера материальной, денежной или иной выгоды, а субъективная мера удовлетворения игрока.

- Информация, доступная игрокам. Эта информация может быть полной (совершенной) или неполной (несовершенной).

Виды игр

Существует множество видов игр:

- игры с нулевой суммой или строго конкурентные игры без нулевой суммы;

- игры с одновременными решениями или последовательными решениями;

- кооперативные или некооперативные игры;

- игры для двух игроков или игры с более чем двумя игроками;

- игры с совершенной информацией или игры с несовершенной информацией;

- статические игры (один раунд), фиксированные игры (несколько раундов) или бесконечные игры.

Типы стратегии

- <u>Чистая стратегия</u>: последовательность действий, которую игрок, как известно, выбирает каждый раз, когда играет.

- <u>Смешанная стратегия</u>: распределение вероятностей чистых стратегий игрока.

- <u>Слабо доминирующая стратегия</u>: стратегия X является слабо доминирующей для игрока Y, если существует другая стратегия, X', которая предлагает меньший или равный выигрыш для игрока Y.

- <u>Слабо доминируемая стратегия</u>: стратегия X является слабо доминируемой для игрока Y, если существует другая стратегия, X', которая предлагает более высокий или равный выигрыш для игрока Y.

- <u>Строго доминирующая стратегия</u>: стратегия X является строго доминирующей для игрока Y, если не существует другой стратегии, X', которая предлагает строго больший выигрыш для игрока Y.

- <u>Строго доминируемая стратегия</u>: стратегия X строго доминируема для игрока Y, если существует другая стратегия, X', которая предлагает строго более высокий выигрыш для игрока Y.

ПРИМЕРЫ ИГР

Рассмотрим следующую игру: два игрока (игрок 1 и игрок 2) решили сыграть друг против друга.

- Стратегии игрока 1: X и Y.

- Стратегии игрока 2: U и V.

- Порядок принятия решений: игрок 1, затем игрок 2.

- Выплаты: Матрица выплат представлена a и b, где a представляет выплаты игрока 1, а b — выплаты игрока 2.

  - Если игрок 1 выбирает X, а игрок 2 выбирает U:

    - Выплата игрока 1: 4

    - Выплата игрока 2: 2

  - Если игрок 1 выбирает X, а игрок 2 выбирает V:

    - Выплата игрока 1: 3

    - Выплата игрока 2: 1

  - Если игрок 1 выбирает Y, а игрок 2 выбирает U:

    - Выплата игрока 1: 2

    - Выплата игрока 2: 5

  - Если игрок 1 выбирает Y, а игрок 2 выбирает V:

    - Выплата игрока 1: 9

    - Выплата игрока 2: 0

Если мы примем гипотезу о том, что оба игрока обладают полной информацией, то существует два возможных способа представления этой игры:

- Экстенсивная форма, лучше подходит для игр с последовательным принятием решений

- Стратегическая форма, лучше подходит для статических игр с одновременным принятием решений

Каждая экстенсивная форма соответствует стратегической игре, в которой игроки выбирают свои стратегии одновременно. С другой стороны, стратегическая игра может соответствовать многим различным экстенсивным формам.

Последовательное устранение доминирующих стратегий

Для того чтобы определить, какие стратегии будут использоваться игроком 1 и игроком 2, нам необходимо определить доминирующие стратегии каждого игрока.

Игрок 2

- если игрок 1 выбирает X, то лучшим выбором для игрока 2 будет U, потому что при таком выборе его вознаграждение будет равно 2 (по сравнению с 1, если он выберет V);

- Если игрок 1 выбирает Y, то лучшим выбором для игрока 2 будет U, потому что при таком выборе его вознаграждение составит 5 (по сравнению с 0, если он выберет V).

Для игрока 2 стратегия U строго доминирует над стратегией V, потому что она предлагает игроку 2 лучший выигрыш в обеих ситуациях.

Исключив стратегию V игрока 2 (строго доминируемую, поскольку он проигрывает при любом раскладе), игру можно представить следующим образом:

Игрок 1

Учитывая, что игрок 2 выбирает свою строго доминирующую стратегию U, лучшим выбором для игрока 1 будет X, потому что при таком выборе его вознаграждение составит 4 (по сравнению с 2, если он выберет Y).

Для игрока 1 стратегия X является доминирующей, потому что она предлагает лучшую отдачу.

Исключив доминирующую стратегию игрока 1 (ту, при которой он теряет больше всего), игру можно представить следующим образом:

Ситуация X, U соответствует равновесию Нэша.

Равновесие по Нэшу

Равновесие Нэша – это ситуация, в которой ни один игрок не желает менять свою стратегию в свете стратегий, выбранных другими игроками. Поскольку они действуют стратегически, каждый игрок будет играть свой лучший ответ в соответствии со стратегиями других игроков.

Равновесие Нэша определяется путем итеративного (последовательного) исключения доминируемых стратегий, поскольку эти стратегии никогда не разыгрываются игроками (в силу их рациональности).

В нашем примере равновесие Нэша соответствует стратегиям:

- X для игрока 1

- U для игрока 2.

Соответствующие выплаты выглядят следующим образом:

- вознаграждение игрока 1: 4

- игрок 2 выплата: 2.

 ПОЛЕЗНО ЗНАТЬ: УСТРАНЕНИЕ ДОМИНИРУЮЩИХ СТРАТЕГИЙ

Игра может быть решена путем итеративного исключения доминирующих стратегий, оставляя только одну стратегию (уникальный профиль) для каждого игрока в конце процесса. Равновесие Нэша состоит из стратегий, полученных таким образом.

Равновесие, достигаемое путем последовательного устранения (строго) доминируемых стратегий, не зависит от порядка устранения этих стратегий. С другой стороны, другое равновесие может быть получено путем устранения слабо доминируемых стратегий. Равновесие Нэша, полученное путем последовательного исключения строго доминируемых стратегий, является более устойчивым, чем равновесие, полученное путем итеративного исключения слабо доминируемых стратегий.

В некоторых случаях игра не может быть разрешена.

Игра чистых стратегий может иметь несколько равновесий Нэша или не иметь их вовсе. В этом случае проблема заключается в том, как выбрать одно конкретное равновесие.

Оптимальность Парето показывает, что стратегия профиля A доминирует над стратегией профиля B, если A строго лучше для всех игроков.

👁 ПОЛЕЗНО ЗНАТЬ: УРОВЕНЬ БЕЗОПАСНОСТИ

Уровень безопасности стратегии игрока определяется как минимальный выигрыш, который может принести данная стратегия, независимо от выбора других игроков. Уровень безопасности X игрока Y — это максимальный уровень безопасности стратегии игрока Y.

В случае нашего примера:

уровень безопасности стратегии X игрока 1 равен 3;

уровень безопасности стратегии Y игрока 1 равен 2;

уровень безопасности стратегии U игрока 2 равен 2;

уровень безопасности стратегии V игрока 2 равен 0.

Таким образом, уровень безопасности игрока 1 равен 3, а игрока 2 — 2.

Смешанные стратегии

Стратегии, определенные и использованные до сих пор, являются чистыми стратегиями (варианты, доступные игрокам).

Как объяснялось выше, смешанная стратегия – это распределение вероятностей по всем чистым стратегиям. Игроки случайным образом выбирают свои стратегии с определенной вероятностью.

Чтобы проиллюстрировать это, мы можем взять игру из предыдущего примера и предположить, что на этот раз игрок 1 случайным образом играет X и Y с вероятностью ½ (0,5), и что игрок 2 делает то же самое.

- Стратегическая форма смешанных стратегических игр: один из двух раз (0,5 или ½) игрок 1 выбирает стратегию X и один из двух раз (0,5 или ½) выбирает стратегию Y. Игрок 2 делает то же самое.

- Ожидаемые выплаты:

  - если игрок 2 выберет U, то ожидаемый выигрыш игрока 1 составит (0,5 x 4) + (0,5 x 2) = 3;

  - если игрок 2 выберет V, то ожидаемый выигрыш игрока 1 составит (0,5 x 3) + (0,5 x 9) = 6;

  - если игрок 1 выберет X, то ожидаемый выигрыш игрока 2 составит (0,5 x 2) + (0,5 x 1) = 1,5;

  - если игрок 1 выберет Y, то ожидаемый выигрыш игрока 2 составит (0,5 x 5) + (0,5 x 0) = 2,5.

- Равновесие Нэша в смешанных стратегиях: Каждый игрок выбирает стратегию, которая позволяет ему максимизировать свои выплаты. В равновесии Нэша из нашего примера игрок 1 выбирает Y с вероятностью ½ (0,5), а игрок 2 выбирает стратегию V с вероятностью ½ (0,5). Ожидаемые выплаты для обоих игроков равны 6 для игрока 1 и 2,5 для игрока 2. Здесь можно увидеть теорему Нэша, поскольку любая стратегическая игра имеет равновесие Нэша для смешанных стратегий.

ДИЛЕММА ЗАКЛЮЧЕННОГО

Некоторые концепции теории игр можно изучить на одном примере – дилемме заключенного. Первая версия дилеммы заключенного была представлена исследователями из корпорации RAND (отдел исследований и разработок ВВС США, созданный в 1945 году) в 1950 году. Она помогает объяснить гонку вооружений, а также процесс ядерного разоружения.

История дилеммы заключенного

Два вора арестованы полицией и допрашиваются по отдельности. Полиция убеждена в их виновности, но пока не располагает достаточными доказательствами для вынесения длительного тюремного приговора. Перед арестом воры поклялись не предавать друг друга. Полиция, которая больше всего на свете хочет заставить обоих признаться, обещает свободу тому, кто заговорит, если он будет единственным, кто это сделает. Возникает дилемма: с одной стороны, заключенные знают, что их ждет лишь небольшое наказание, если они не признаются полиции. С другой стороны, у обоих есть индивидуальное искушение признаться в преступлении, чтобы получить свободу.

Стратегическая форма дилеммы заключенного

В этом случае у двух игроков (воров) есть выбор между двумя стратегиями: отрицать или признаться. Каждая клетка содержит выплаты для двух игроков. Первая цифра соответствует результату игрока 1, а вторая – результату игрока 2. По традиции, здесь количество лет в тюрьме записано как отрицательное число, поскольку оно представляет собой потерю полезности. Цель каждого игрока – минимизировать количество лет, проведенных в тюрьме.

Доминирующие стратегии двух игроков

- Если игрок 2 решит отрицать, то в интересах игрока 1 признаться, чтобы избежать года тюрьмы и тем самым выйти на свободу.

- Если игрок 2 решит признаться, то в интересах игрока 1 признаться и провести в тюрьме только 4 года, а не 5, если он будет отрицать свою вину.

- Если игрок 1 решит отрицать, то в интересах игрока 2 признаться, чтобы избежать года тюрьмы и тем самым выйти на свободу.

- Если игрок 1 решает признаться, то в интересах игрока 2 признаться и провести в тюрьме только 4 года, а не 5, если он будет отрицать.

Здесь "признаться" является доминирующей стратегией для обоих игроков. На самом деле, что бы ни выбрал один игрок, другой всегда получит лучший результат, осудив своего сообщника. Это то, что называется равновесием Нэша.

Равновесие Нэша в дилемме заключенного

Логическим решением игры (равновесие по Нэшу) будет донос каждого игрока на другого: тогда каждый из них будет приговорен к четырем годам тюрьмы. И наоборот, сотрудничая (оба молчат), они оба проведут в тюрьме только один год. Дилемма заключенного иллюстрирует конфликт между коллективным благосостоянием в результате сотрудничества и индивидуальными стимулами не делать этого. В ситуации, когда один из двух игроков не уверен в намерениях другого, в их интересах, во имя индивидуальной рациональности, сделать выбор в пользу признания, даже если коллективный интерес рекомендует им отрицать. Отсюда важность наличия социальных законов, норм и правил, которые навязывают определенное сотрудничество, но которые на практике нелегко найти.

ПРЕДЕЛЫ И РАСШИРЕНИЯ МОДЕЛИ

ОГРАНИЧЕНИЯ И КРИТИКА МОДЕЛИ

Ограничения и критика теории игр многочисленны и касаются самого понятия игры, понятия равновесия и возможных применений этой теории.

Концепция игры

Теоретики игр используют слово "игра" для обозначения любой полной модели, состоящей из списка индивидуумов (игроков), набора стратегий и выплат. Термин "игра" относится не к символической деятельности, выполняемой для развлечения, а к серии ограничений, связанных с каким-либо вопросом.

Концепция равновесия Нэша

В повседневной жизни равновесие обычно воспринимается как "состояние покоя", которого достигают системы, ранее находившиеся в движении. Однако теория игр использует слово "равновесие" для описания своей основной концепции, а именно равновесия Нэша. Это равновесие достигается благодаря тому, что каждый игрок правильно предвидит действия других. Поскольку выбор делается одновременно, идея процесса, ведущего к равновесию путем последовательного изменения предвидений, в данном случае не имеет смысла. Поэтому слишком трудно думать о "равновесии", не думая о той или иной форме динамизма.

Мы можем проиллюстрировать это с помощью модели дуополии Курно, которая является предшественницей равновесия Нэша. В этой знаменитой модели несовершенной конкуренции (структура рынка, характеризующаяся наличием производителей, которые могут устанавливать цены, отличные от цен на рынке), каждый бизнес делает предложение, предвидя предложение другого. Не зная ничего о конкуренции, предприятие предполагает, что после того, как его выбор сделан, другое предприятие не изменит своего решения. Равновесие Курно таково, что каждый бизнес делает свое предложение, точно предсказывая, что сделает другой. Следовательно, динамика, ведущая к равновесию, не только не установлена, но и равновесное решение никогда не будет достигнуто, за исключением отдельных случаев, когда компания случайно сталкивается с предложением другой компании.

Аналогично, критика может быть распространена и на другую модель некооперативного равновесия — дуополию Жозефа Луи Франсуа Бертрана (французский математик и экономист, 1822-1900), в которой компании выдвигают стратегии, основанные на цене. В частности, очевидно, что равновесие по Нэшу никогда не устанавливается, поскольку обе компании устанавливают одну и ту же цену, равную средним издержкам (которые предполагаются постоянными). Поскольку при такой цене их прибыль равна нулю, в интересах обеих компаний предложить цену выше себестоимости и, следовательно, иметь 50%-ную вероятность получения строго положительной (а не нулевой) прибыли. В результате ни один из них не выбирает равновесное решение по Нэшу.

Другой момент, который создает проблему с равновесием Нэша, заключается в том, что игрок не может изменить свою стратегию после начала игры. Этот аспект также является ограничением теории.

Приложения теории игр

Возвращаясь к определению теории игр, изложенному выше, следует отметить, что эту теорию очень трудно применить к реальным жизненным ситуациям. Действительно, практически невозможно найти примеры ситуаций, которые можно соотнести с дилеммой заключенного. В действительности, на индивидуальный выбор в значительной степени влияет система ценностей, обусловленная воспитанием и культурой. Поскольку их нельзя наблюдать в повседневной жизни, условия игры создаются в лаборатории. Поэтому теорию игр трудно применить к реальности, даже в том контексте, который изначально кажется благоприятным для нее (взаимодействие).

Наконец, многие, в том числе французский экономист Бернар Геррьен, считают, что, как правило, теория игр ничего не решает и ничего не может предложить игрокам. Она в основном обращает внимание на проблемы, создаваемые индивидуальным выбором во взаимодействии, когда все предположения модели выполнены. Поэтому следует с осторожностью относиться к этому инструменту экспериментальной экономики.

РАСШИРЕНИЯ И СВЯЗАННЫЕ МОДЕЛИ

Все вышеупомянутые ограничения и критика теории игр возникают в первую очередь из-за того, что она относится только к однораундовой игре, в которой игроки не сотрудничают. Что происходит, когда игроки сотрудничают, и взаимодействие между ними повторяется несколько раз?

Интуитивно понятно, что сотрудничество может возникнуть легче в результате повторных взаимодействий. Это называется "повторяющиеся игры". Почему ваш флорист предлагает вам ту же цену за хороший букет цветов, когда он мог бы дать вам букет более низкого качества, который он купил дешевле? Вероятно, потому что он надеется, что вы вернетесь к нему в будущем. Возвращаясь в его магазин, вы сотрудничаете с ним как потребитель.

Повторные игры создают мощный мотив для сотрудничества. Сотрудничество в первом раунде поощряет сотрудничество в следующем раунде. Такой мотивации не существует в статических играх с одним раундом.

Существует два типа повторяющихся игр:

- те, где конец известен с уверенностью;
- те, где конец неизвестен.

Это различие важно, поскольку оно приводит к различным последствиям с точки зрения теории игр.

В этом типе игры важен конец, который заранее известен игрокам. Игроки также знают результаты предыдущих раундов. Равновесие Нэша определяется с помощью так называемой обратной индукции.

👁 ПОЛЕЗНО ЗНАТЬ: ОБРАТНАЯ ИНДУКЦИЯ

Идея заключается в том, чтобы определить наилучшие стратегии игроков в последнем раунде игры. Отсюда можно работать в обратном направлении – от последнего раунда игры к первому.

На примере дилеммы заключенного, описанном ранее, можно определить, что произойдет, если игра будет повторяться определенное количество раз.

В последнем раунде (T), учитывая, что игра заканчивается, лучшей стратегией для каждого игрока с точки зрения индивидуальной рациональности является признание (тот же результат, что и в статической игре). Таким образом, устанавливается равновесие Нэша (признаться, признаться).

В раунде T-1 (предпоследний раунд) в интересах игроков все еще сотрудничать, поскольку они знают, что есть еще один раунд. Однако мы знаем, что здесь сотрудничество невозможно. Таким образом, в раунде T-1 также нет преимущества сотрудничества, и мы снова находим равновесие Нэша (признайтесь, признайтесь). То, что верно в T-1, верно и в T-2, и так далее до первого раунда. Путем обратной индукции можно показать, что на каждом этапе игроки будут выбирать стратегию "признаться". Этот результат можно объяснить тем, что игроки предвидят, что произойдет.

Бесконечные игры

Существует два типа бесконечных игр:

- те, где стороны продолжают играть бесконечно (неограниченно во времени);

- те, более реалистичные, когда игра останавливается неожиданно (случайно).

В случае заданных игр можно определить равновесие Нэша методом обратной индукции, поскольку достаточно предугадать выбор игроков в раунде T. В бесконечной игре эти рассуждения уже не действуют, поскольку существует множество возможных стратегий и, следовательно, множество равновесий.

Главный результат теории игр, который стоит знать, но который мы не будем здесь демонстрировать из-за его сложности, заключается в следующем: если агенты достаточно терпеливы, то стратегии, включающие фазы взаимного сотрудничества, являются равновесиями Нэша.

Мы можем попытаться понять этот центральный результат в теории игр в свете дилеммы заключенного, повторяющейся бесконечное число раз.

В равновесии возможны три пары стратегий:

- Игрок 1 и игрок 2 всегда выбирают признание. Ввиду результатов, полученных в предыдущих главах, мы знаем, что это равновесие имеет ограниченную ценность;

- Два игрока договариваются об отрицании. Как только один из игроков отступает от соглашения, другой отвечает тем же, всегда выбирая признание;

- Соглашение "око за око, зуб за зуб", согласно которому признание одного игрока наказывается другим, который признается столько раз, сколько требуется для нанесения того же ущерба (годы тюрьмы). Таким образом, если игрок 1 признается, игрок 2 также решит признаться, чтобы не дать им воспользоваться свободой.

Соглашение, которое кажется наиболее надежным и наиболее выгодным для всех, – это "око за око, зуб за зуб". Этот результат действителен независимо от того, кто назначает наказание. Таким образом, вера во внутреннюю, божественную или земную справедливость может быть фактором координации и стабильности в той же мере, что и угроза со стороны оппонента. Интересно отметить, что если оба игрока рациональны, они не будут отступать от соглашения и, следовательно, наказание не будет применено.

ПРИМЕНЕНИЕ КОНЦЕПЦИИ: ПОЛИТИЧЕСКИЙ СПЕКТР

Предположим, что в стране политические взгляды равномерно распределены по оси от крайне левого до крайне правого, и две партии (А и В) должны политически позиционировать себя на выборах, чтобы набрать как можно больше голосов.

Наконец, предположим, что партии выходят на политическую арену одна за другой и избиратели голосуют за партию, наиболее близкую к их интересам.

СЛУЧАЙ 1

Если первая партия (А) позиционируется слева, то вторая (В) также будет позиционироваться слева, но немного правее первой партии, чтобы она могла привлечь на свою сторону часть избирателей левого, центрального и правого центра и таким образом выиграть выборы.

Вторая партия (В) получит голоса избирателей справа от себя, а также половину голосов между ней и первой партией (А) слева.

ДЕЛО 2

Если первая партия (А) позиционирует себя справа, то в интересах второй партии (В) также позиционировать себя справа, но немного левее первой партии, чтобы победить на выборах.

Как и в первом сценарии, партия Б одержит верх над партией А.

Таким образом, обе партии должны занять место в центре политического спектра. Этот результат далек от теоретического, поскольку он достаточно хорошо соответствует политической ситуации, наблюдаемой в США, где в прошлом иногда было трудно провести различие между демократами и республиканцами.

ЧТО ЕСЛИ МЫ ДОБАВИМ ЕЩЕ ОДНУ ПАРТИЮ?

Теперь предположим, что две политические партии знают, что третья партия (С) намеревается войти в политический спектр страны.

- Если политическая ситуация в стране похожа на случай 1, то третья политическая партия должна позиционировать себя немного правее партии В, чтобы получить почти половину голосов.

- Если политическая ситуация в стране похожа на случай 2, то третья партия должна позиционировать себя немного левее партии В, чтобы получить почти половину голосов.

Чтобы избежать этих двух невыгодных ситуаций, когда они знают, что на арену выйдет третья партия, две первые партии должны расположить себя в центре электората справа и в центре электората слева соответственно. Таким образом, каждая из них получит половину голосов избирателей.

Если третья политическая партия решит выйти на арену, несмотря на такое позиционирование, она получит четверть голосов (2/8), позиционируя себя в центре политического спектра, в то время как две другие партии будут иметь по 3/8 голосов.

В этой ситуации, что получает третья партия, выходя на политическую арену? Сторонний наблюдатель, несомненно, скажет, что в этом нет никакого интереса. Однако ситуация более тонкая, потому что в некоторых странах такое позиционирование может быть хорошим шагом. Например, в такой политической системе, как в Бельгии, партия меньшинства все еще может участвовать в правительстве через соглашения с другими партиями.

РЕЗЮМЕ

- Начало анализа азартных игр относится к эпохе Возрождения. Работы Антуана Огюстена Курно, Фрэнсиса Исидро Эджворта, Эрнста Фридриха Фердинанда Цермело и Эмиля Бореля активно способствовали определению этой теории.

- Зарождение дисциплины относится к 1944 году, когда был опубликован основополагающий текст *"Теория игр и экономического поведения"* Джона Форбса Нэша, Джона фон Неймана и Оскара Моргенштерна.

- Концепция "равновесного решения для игр с нулевой суммой" была выдвинута Нэшем в 1950 году, а "совершенное равновесие в подиграх" было предложено Рейнхардом Селтеном в 1965 году. Чарльз Харсаньи популяризировал концепцию равновесия Нэша в 1967 году, и в том же десятилетии Дональд Брюс Гиллис предложил систематизацию общего равновесия. Начиная с 1970-х и 1980-х годов, теория игр претерпела значительное развитие, и ряд теоретиков игр получили признание (Нобелевская премия по экономическим наукам).

- Помимо того, что теория игр является отличным инструментом в переговорах, ее основная цель — показать, что отдельные люди, компании и страны взаимозависимы и что взаимодействие полезно для решения общих проблем. Она также показывает, что сотрудничество нелегко осуществить, и в некоторых случаях лучше ужиться, чем ссориться.

- Сфера применения теории игр невероятно велика, и ее можно наблюдать ежедневно, особенно в политическом спектре.

- Ограничения и критика теории игр сосредоточены на концепции игры (неправильное использование терминологии, поскольку в данном случае она используется для обозначения набора ограничений, связанных с проблемой, а не с приятным занятием), равновесия Нэша (поскольку не существует динамического процесса, ведущего к равновесию) и применения модели (практически невозможно найти применения в реальной жизни).

- Поскольку критики теории игр в основном сосредоточены на том, что она ограничивается однокруговыми простыми играми, в которых игроки не сотрудничают, теоретики игр дополнили модель на основе повторяющихся игр (заданных и бесконечных), которые побуждают игроков сотрудничать более охотно.

- Хотя теория игр не может быть применена ко всем аспектам жизни общества, она полезна в медицине, политике, военной стратегии и экономике. Она побуждает нас задуматься о сложности социальных взаимодействий, что позволяет нам рассматривать события в перспективе.

ДАЛЬНЕЙШЕЕ ЧТЕНИЕ

БИБЛИОГРАФИЯ

Веб-сайт *Archives-ouvertes:* http://hal.archives-ouvertes.fr/

Дэвис, М. (1974) *Введение в теорию игр.* Париж: Armand Colin.

Веб-сайт *Encyclopédie Universalis:* http://www.universalis.fr/

Фридман, Дж. (1990) *Теория игр с приложениями к экономике.* Оксфорд: Издательство Оксфордского университета.

Gabszewicz, J. (1970) *Théorie du noyau et de la concurrence imparfaite.* Louvain: Recherches Économiques de Louvain. Том 36, стр. 21-37.

Giraud, G. (2000) *La Théorie des jeux.* Paris: Flammarion.

Сайт газеты *"Ле Монд":* http://www.lemonde.fr/

Moulin, H. and de Possel, R. (1979) *Fondations de la théorie des jeux.* Париж: Hermann.

Ponssard, J. -P. (1977) *Logique de la négociation et théorie des jeux.* Париж: Éditions d'Organisation.

Смит, Дж. М. (2002) *Эволюция и теория игр.* Кембридж: Издательство Кембриджского университета.

Тиссе, Ж. Ф. (2004) *Théorie des jeux : une introduction.* Louvain-la-Neuve: Католический университет Лувена.

Тироль, Ж. (1985) *Concurrence imparfaite.* Париж: Economica.

Йилдизоглу, М. (2011) *Introduction à la théorie des jeux. Manuel et exercices corrigés*. Paris: Dunod.

ДОПОЛНИТЕЛЬНЫЕ ИСТОЧНИКИ

Кун, Х. (2003) *Лекции по теории игр*. Принстон: Издательство Принстонского университета/

Сорин, С. (2002) *Первый курс по повторяющимся играм с нулевой суммой*. Берлин: Springer-Verlag.

Спаниель, В. (2011) *Теория игр 101: Полный учебник*. CreateSpace Independent Publishing Platform.

Талвалкар, П. (2014) *Радость теории игр: Введение в стратегическое мышление*. CreateSpace Independent Publishing Platform.

IMPROVE YOUR GENERAL KNOWLEDGE

IN THE BLINK OF AN EYE!

www.50minutes.com

Издательство гарантирует достоверность опубликованной информации, что, однако, не может повлечь за собой его ответственность.

Мастер ISBN: 9782808601535
Бумажный ISBN: 9782808602983
Легальный депозит: D/2022/12603/299

Цифровое оформление: Primento,
цифровой партнер издателей.